英国数学真简单团队/编著　华云鹏　王庆庆/译

DK儿童数学分级阅读 第五辑

几何与图形

数学真简单！

电子工业出版社·

Publishing House of Electronics Industry

北京·BEIJING

Original Title: Maths—No Problem! Geometry and Shape, Ages 9–10 (Key Stage 2)
Copyright © Maths—No Problem!, 2022
A Penguin Random House Company

版权贸易合同登记号　图字：01-2024-1979

图书在版编目（CIP）数据

DK儿童数学分级阅读. 第五辑. 几何与图形 / 英国数学真简单团队编著；华云鹏，王庆庆译. --北京：电子工业出版社，2024.5
ISBN 978-7-121-47697-6

Ⅰ. ①D…　Ⅱ. ①英…　②华…　③王…　Ⅲ. ①数学—儿童读物　Ⅳ. ①O1-49

中国国家版本馆CIP数据核字（2024）第074947号

出版社感谢以下作者和顾问：Andy Psarianos, Judy Hornigold, Adam Gifford和Anne Hermanson博士。
已获Colophon Foundry的许可使用Castledown字体。

责任编辑：苏　琪
印　　刷：鸿博昊天科技有限公司
装　　订：鸿博昊天科技有限公司
出版发行：电子工业出版社
　　　　　北京市海淀区万寿路173信箱　　邮编：100036
开　　本：889×1194　1/16　印张：18　　字数：303千字
版　　次：2024年5月第1版
印　　次：2024年11月第2次印刷
定　　价：128.00元（全6册）

凡所购买电子工业出版社图书有缺损问题，请向购买书店调换。若书店售缺，请与本社发行部联系，联系及邮购电话：（010）88254888，88258888。
质量投诉请发邮件至zlts@phei.com.cn，盗版侵权举报请发邮件至dbqq@phei.com.cn。
本书咨询联系方式：（010）88254161转1868，suq@phei.com.cn。

www.dk.com

目 录

鲁比   艾略特   阿米拉   查尔斯   露露   萨姆   奥克   霍莉   拉维   艾玛   雅各布   汉娜

角的性质

准 备

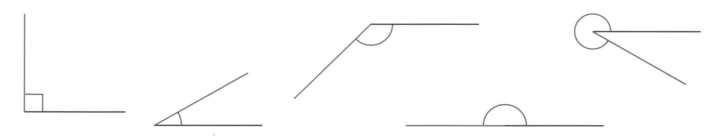

我们该怎样描述这些角呢？

举 例

这两条互相垂直的线组成了一个这样的角。这就是直角。

我们可以用这个标志来表明这是一个直角。

这个角比直角小。这就是锐角。

这个角比直角大。这就是钝角。

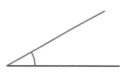

这个角是两个直角之和。这就是平角。

这个角大于两个直角。
这就是优角。

练习

1 填空题。

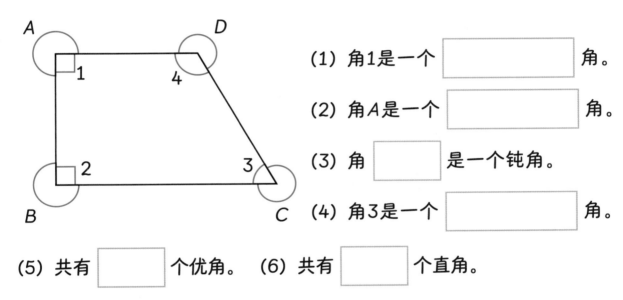

(1) 角1是一个 ⬚ 角。

(2) 角A是一个 ⬚ 角。

(3) 角 ⬚ 是一个钝角。

(4) 角3是一个 ⬚ 角。

(5) 共有 ⬚ 个优角。 (6) 共有 ⬚ 个直角。

2 在空白处画一些三角形以便回答下列问题。

(1) 三角形内部最多可以有：

⬚ 个锐角

⬚ 个直角

⬚ 个钝角

图形内的角
称为内角。

(2) 三角形内部最少有2个 ⬚ 角。

角的度量

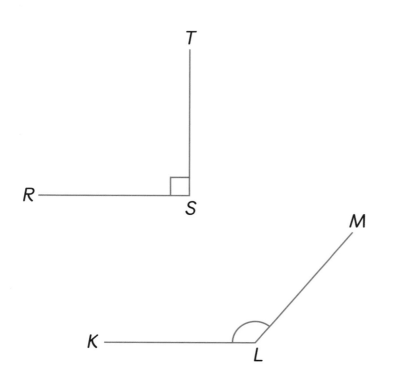

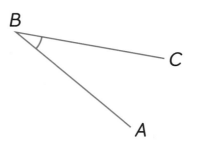

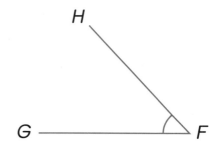

我们怎样测量这些角呢？

我们可以用量角器来测量这些角。

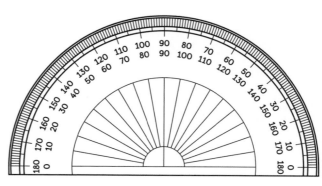

我们用"度"来表示角的大小。

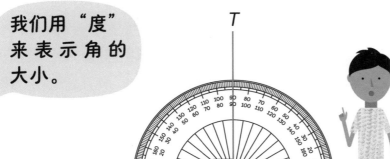

∠RST的角度是90度。我们把90度写作90°。

∠RST是一个直角。所有的直角都是90°。

我们需要把量角器的原点和角的顶点对齐。

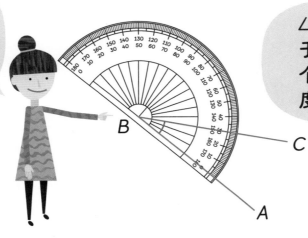

∠CBA的角度小于直角。这是一个锐角，它的角度是30°。

∠HFG也是一个锐角，它的角度是48°。

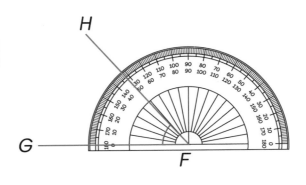

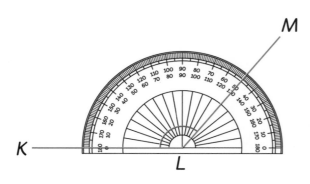

∠KLM大于90°，所以它是一个钝角。

我们用量角器量出了所有角的角度。

∠RST = 90°   ∠CBA = 30°   ∠HFG = 48°   ∠KLM = 130°

练 习

用量角器量出每个角的角度。

填空并圈出正确的词语。

1

∠PQR = [＿＿＿]°

∠PQR是（锐角/钝角/直角/平角）。

2

∠ZYX = [＿＿＿]°

∠ZYX是锐角/钝角/直角/平角）。

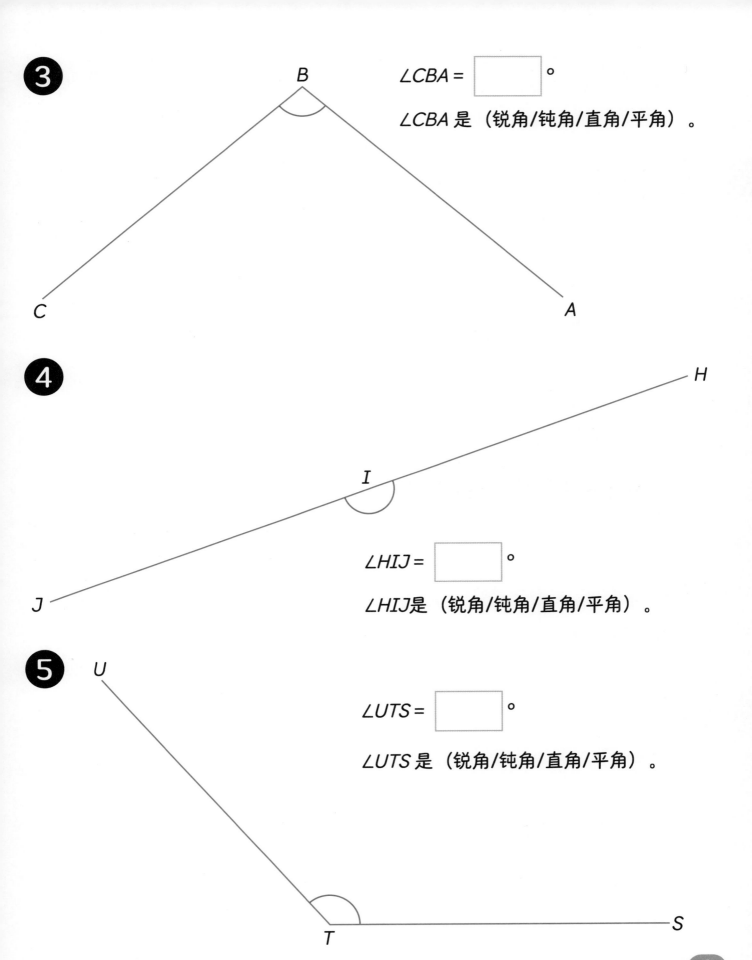

3

∠CBA = ☐ °

∠CBA 是（锐角/钝角/直角/平角）。

4

∠HIJ = ☐ °

∠HIJ 是（锐角/钝角/直角/平角）。

5

∠UTS = ☐ °

∠UTS 是（锐角/钝角/直角/平角）。

画角和直线

准 备

阿丽亚老师让她的学生们画出这些图形，并让他们回答下列问题。

∠ABC是多少度？

∠ADC是多少度？

边AD的长度是多少？

∠SUT是多少度？

平行四边形ABCD的内角和是多少？

三角形SUT的内角和是多少？

举 例

我们需要用量角器和尺子来画这些图形。

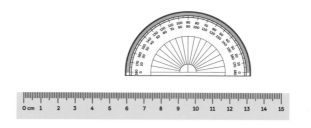

这两条直线上的标志表明这两条直线平行。

我们先来画平行四边形。首先，画出边BC。

根据∠ABC的角度使用量角器在相应的位置做标记，然后用直尺画出边BA。

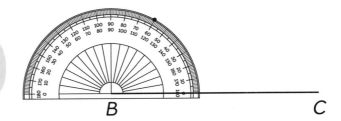

画∠BCD的方法相同。先用直尺画出边CD,再画边AD。

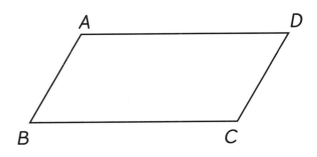

边AD与边BC长度相等，都是10厘米。

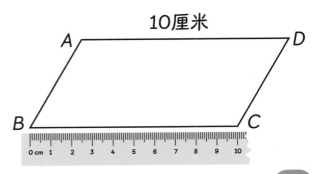

∠ADC的大小与∠ABC相等，都是60°。

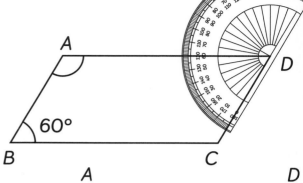

$120° + 60° + 120° + 60° = 360°$

平行四边形的内角和是360°。

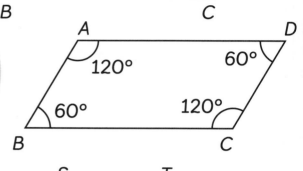

接下来，我们画这个三角形。先画出边ST。

用量角器标记出∠UST的位置，然后用直尺画出边SU。

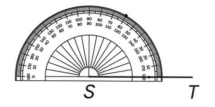

画∠STU和边TU的方法相同。

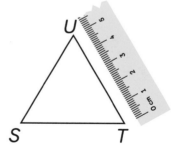

∠SUT、∠UST和∠STU相等，它们都是60°。

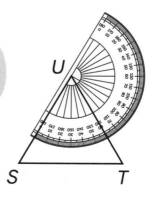

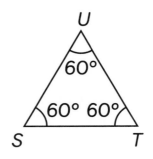

60° + 60° + 60° = 180°

三角形SUT的内角和是180°。

 练 习

1 用量角器和直尺画出以下图形。
用量角器测量内角的角度并填空。

(1) 画一个边长为120毫米的正方形。

内角和是 ☐ °。

(2) 画出三角形DEF，边EF的长度
是95毫米，∠DEF是一个直
角，∠FDE是60°。

∠EFD是 [ ] °。

内角和是 [ ] °。

2 重新画这两个图形，使得新图形的边长是原来的两倍。

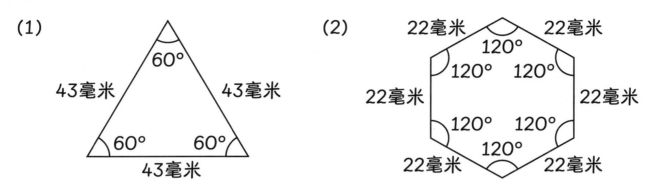

(1)

43毫米　43毫米
60°
60°　60°
43毫米

(2)

22毫米　22毫米
120°
120°　120°
22毫米　22毫米
120°　120°
120°
22毫米　22毫米

直线上的角

准 备

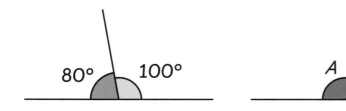

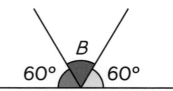

∠A 和 ∠B 的角度分别是多少?

举 例

> 当我们把一条直线分成多个角时,这些角加起来永远是180°。

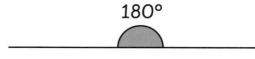

180°

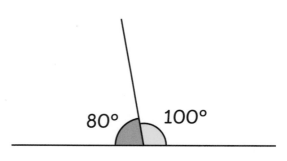

80° 100°

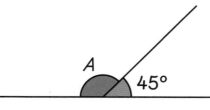

A 45°

> 180° − 45° = 135°
> ∠A 是 135°。

16

$60° + 60° = 120°$

$180° - 120° = 60°$

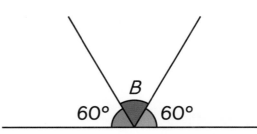

∠A是135°，∠B是60°。

计算下列角的角度。

∠C = [　　　] °

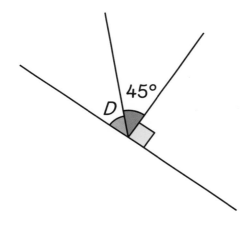

∠D = [　　　] °

3

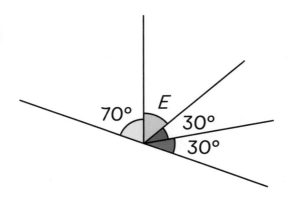

∠E = [　　　] °

一个点上的角

准 备

计算∠B和∠C的角度。

计算三个角的角度之和。

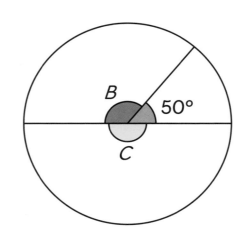

举 例

C

在直线上的角＝180°。
∠C＝180°。

∠B和50°角在同一条直线上

∠B = 180° − 50°
180° − 50° = 130°

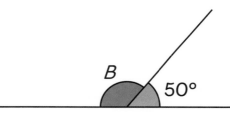

B   50°

一个点上的所有角加起来永远等于360°。

∠C = 180°
∠B = 130°

三个角的角度之和是360°。

计算下列各角的角度并填空。

1

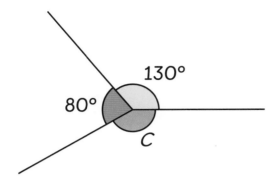

∠C = ☐ °

2

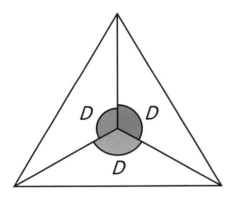

∠D = ☐ °

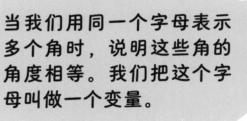

当我们用同一个字母表示多个角时，说明这些角的角度相等。我们把这个字母叫做一个变量。

3

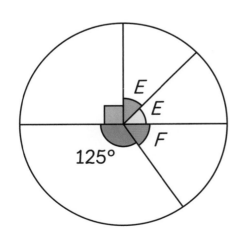

∠E = ☐ °   ∠F = ☐ °

正方形和长方形和长方形乘数

准 备

这些图形有什么共同点？

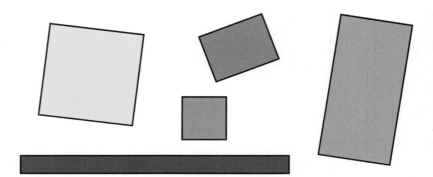

举 例

所有图形都有四条边。它们都是四边形。

所有四边形都有四个90°角。因此它们是长方形。

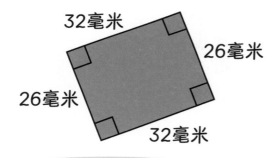

32毫米

26毫米

26毫米

32毫米

长方形对边的长度相等。

若两条线相交形成90°角，则这两条线互相垂直。

QR垂直于RO和QP。PO垂直于QP和RO。

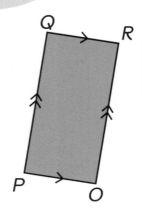

Q

R

P

O

所有长方形都有两对平行线。线段QR平行于线段PO。线段QP平行于线段RO。

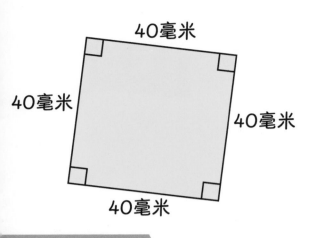

40毫米

40毫米

40毫米

40毫米

有些长方形也是正方形。
正方形是四条边相等的长方形。

练 习

DABC是一个长方形。

1 用"＞"和"＞＞"标出平行线。

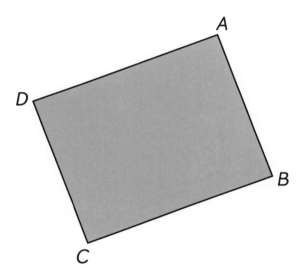

2 填空题。

(1) 线段DA平行于线段 _____ 。

(2) 线段DC _____ 于线段CB。

(3) 线段DC _____ 于线段AB。

(4) ∠ABC是 _____ °。

(5) 线段AB垂直于线段 _____ 和线段 _____ 。

规则多边形

准备

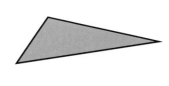 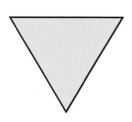 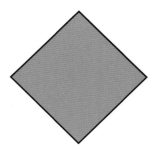 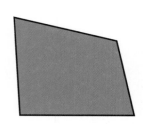

这些多边形有什么共同特点呢？

它们又有什么不同之处呢？

举例

有两个多边形是三角形。

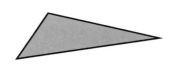 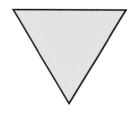

我把三个角撕下来，然后把三个角的顶点对齐。

这两个三角形的内角和加起来都是180°。

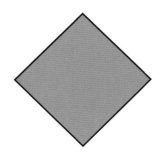

有两个多边形是四边形。

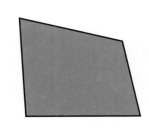

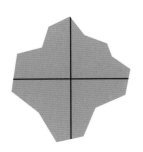

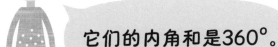

它们的内角和是360°。

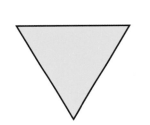

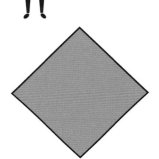

这个三角形和这个长方形，它们的边长都相等，它们的角的大小也相等。

一个规则三角形也叫做等边三角形。

当多边形内的边和角大小相等时，我们就把它叫做规则多边形。

规则长方形也叫做正方形。

23

1 用直尺和量角器画一个边长为73毫米的正方形。

2 用直尺和量角器画一个边长为85毫米的等边三角形。

3 圈出下列图形中的规则多边形。

4 画一个边长为65毫米，每个角的角度为120°的正六边形。

平移

准 备

该怎么移动使得三角形BAC的点C移动到点y。点A和点C移动后的坐标是什么？

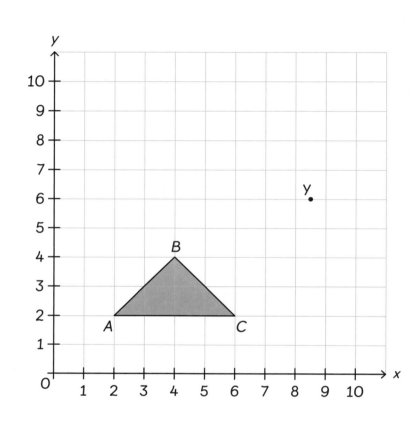

举 例

点C在（6，2）的位置。

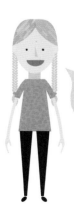

点y在（$8\frac{1}{2}$，6）的位置。

26

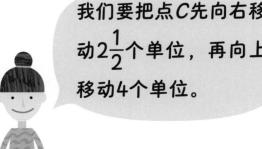

我们要把点C先向右移动$2\frac{1}{2}$个单位，再向上移动4个单位。

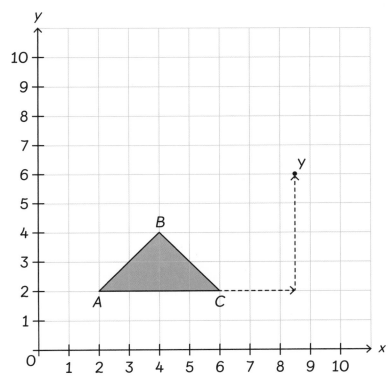

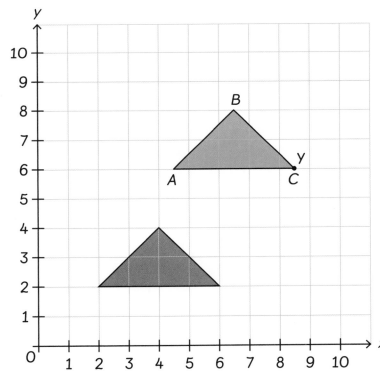

其它的点也按照同样的方法移动。

我们可以在坐标系中看到这些点移动后的位置。

三角形BAC的移动的距离可以表示为（$2\frac{1}{2}$，4）。

点A从（2，2）移动到了（$4\frac{1}{2}$，6）。

点B从（4，4）移动到了（$6\frac{1}{2}$，8）。

按要求平移下列图形，并画出平移后的图形。

1 点P平移到 $(4\frac{1}{2}, 8\frac{1}{2})$

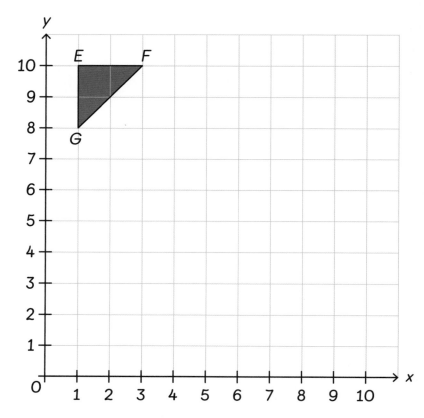

2 点J平移到 $(7\frac{1}{2}, 4\frac{1}{2})$

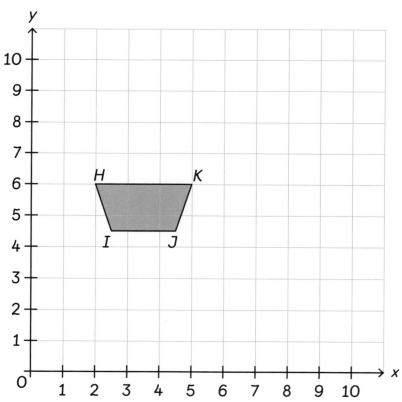

3 点 *P* 平移到 (9½, 9)

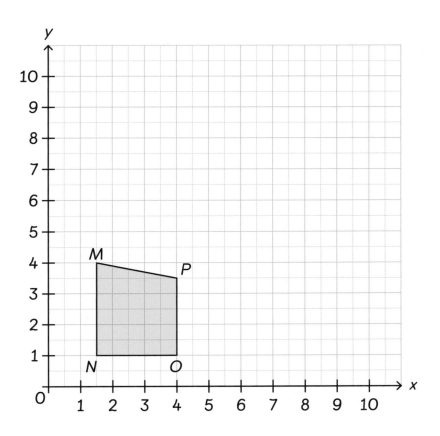

4 点 *T* 平移到 (6, 1)

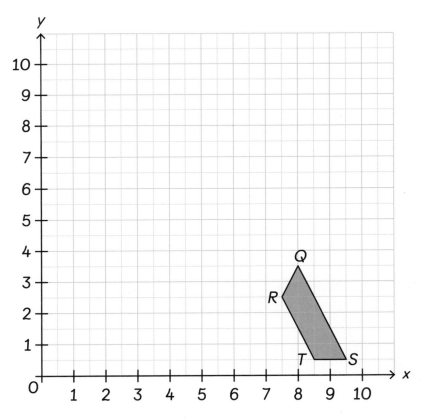

轴对称

准 备

把这个图案先沿水平虚线翻折，再沿垂直虚线翻折。在网格中画出经过两次翻折后的图形。

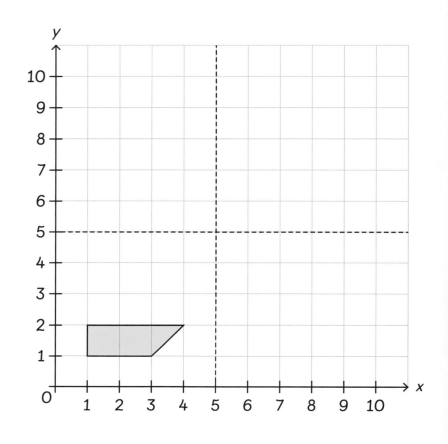

举 例

我们把虚线叫做对称轴。

如果我们在虚线上放一面镜子，就能看到翻折后的图形。

30

首先，我们要移动各点，使得原来的点到横线的距离与移动后的点到横线的距离相等。

这个图案就完成了一次翻转。

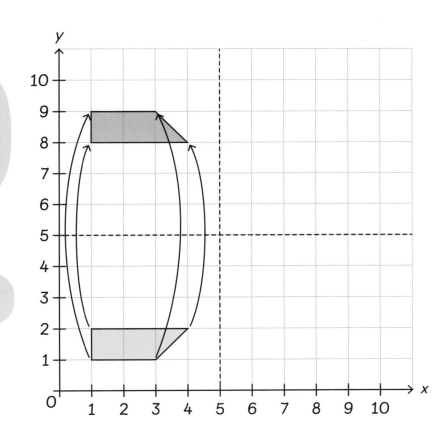

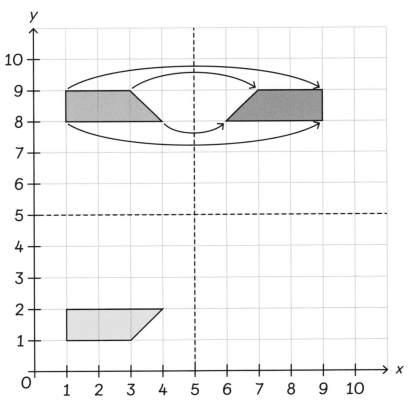

接下来，我们要移动各点，使得原来的点到竖线的距离与移动后的点到竖线的距离相等。

这个图案就完成了第二次翻转。

1 先沿着竖对称轴翻折下列图形，再沿着横对称轴翻折下列图形。

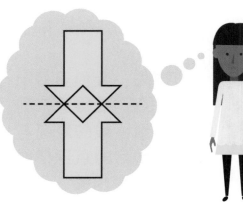

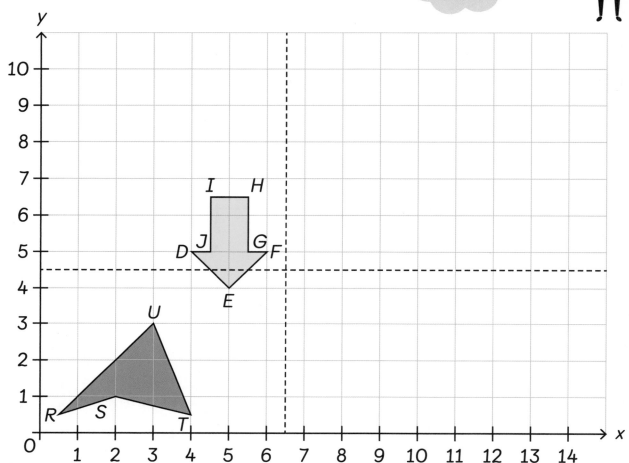

（1）在相应位置画出经过两次翻折后的图形。

（2）填空。

　　（i）经过两次翻折后，顶点S在（ 　　　 , 　　　 ）。

　　（ii）经过两次翻折后，顶点E在（ 　　 , 　　 ）。

2 将下方图形翻折。

先沿着虚线QR翻折。

再沿着虚线ST翻折。

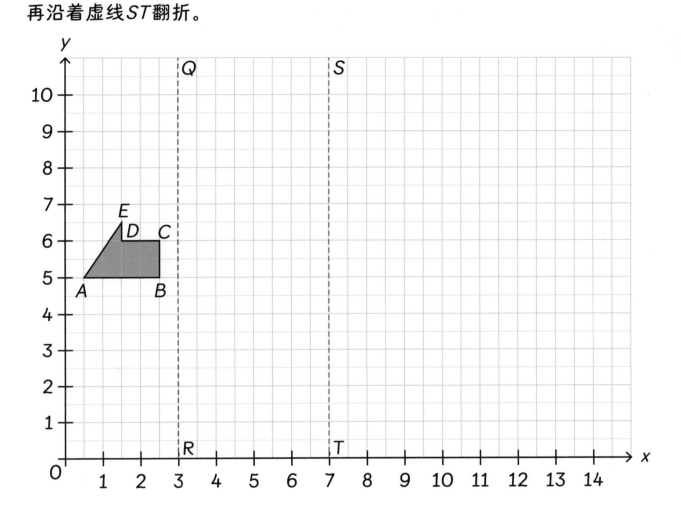

(1) 在相应位置画出两次翻折后的图形。

(2) 填写经过两次翻折后，各个点的坐标。

点A在（ ☐ , ☐ ）

点B在（ ☐ , ☐ ）

点C在（ ☐ , ☐ ）

点D在（ ☐ , ☐ ）

点E在（ ☐ , ☐ ）

周长

准 备

露露和查尔斯想在学校菜园周围建一圈栅栏以防兔子跑进去。他们画了这样一个平面图。

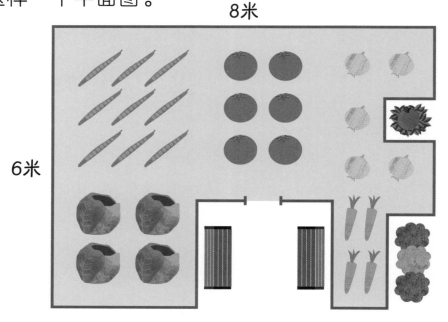

露露和查尔斯一共需要多少米的栅栏？

这个平面图正好在一个长8米宽6米的长方形内。把这个长方形的四条边长加起来，就能知道需要多少米的栅栏了。6+6+8+8=28（米）我们需要28米的栅栏。

我觉得露露说得不对。我们需要的栅栏不止28米。

要想知道查尔斯和露露需要多少米的栅栏，首先我们得知道他们围起来的图形的周长。

周长是指绕图形一周的总长度。

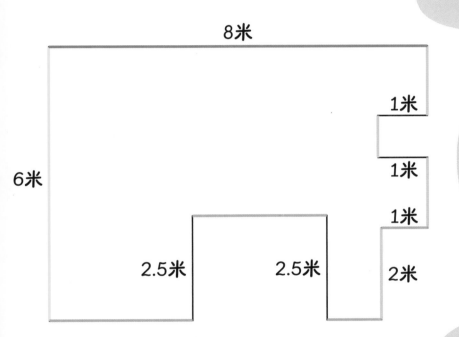

8米

6米

1米

1米

1米

2.5米   2.5米

2米

并非每条边的长度都标识出来了，有些边的长度需要我们计算。

粉色边的长度总和等于黄色边的长度，也就是6米。

蓝色边的长度之和等于绿色边的长度，也就是8米。

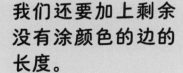

我们还要加上剩余没有涂颜色的边的长度。

6 + 6 + 8 + 8 + 2.5 + 2.5 + 1 + 1 = 35（米）

露露和查尔斯需要35米的栅栏来防止兔子跑进去。

1 计算下列规则图形的周长。

(1)

40毫米

[　　　] 毫米

(2)

40毫米

[　　　] 毫米

(3)

25毫米

[　　　] 毫米

2 计算下列图形的周长。

(1)

40毫米　　　　59毫米

84毫米

[　　　] 毫米

(2)

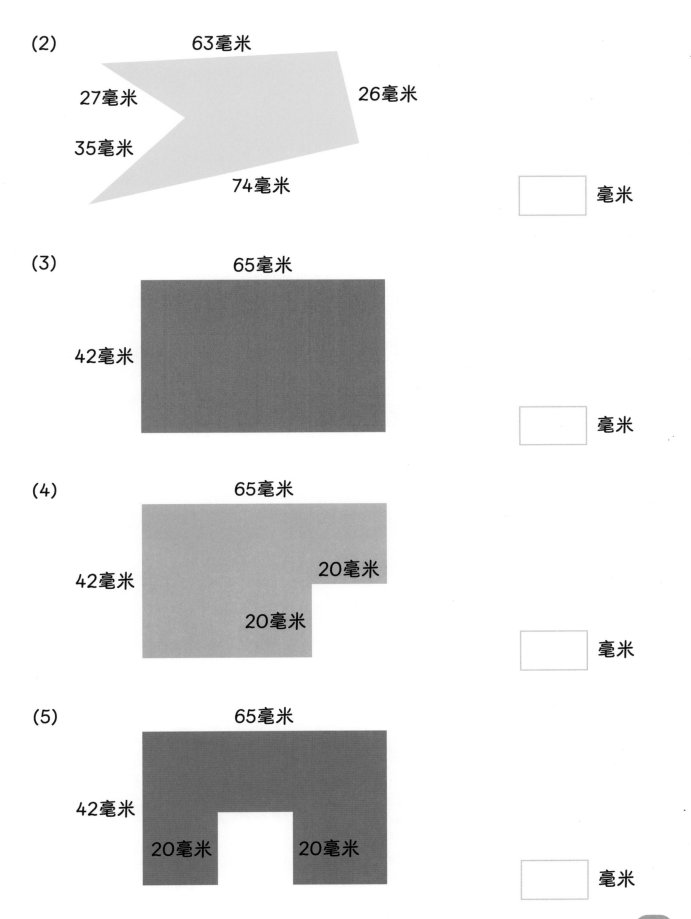

63毫米

27毫米

26毫米

35毫米

74毫米

☐ 毫米

(3)

65毫米

42毫米

☐ 毫米

(4)

65毫米

42毫米

20毫米

20毫米

☐ 毫米

(5)

65毫米

42毫米

20毫米

20毫米

☐ 毫米

37

面积

准 备

一个园林艺术家需要为某博物馆设计一个入口。他给出了如下设计图。

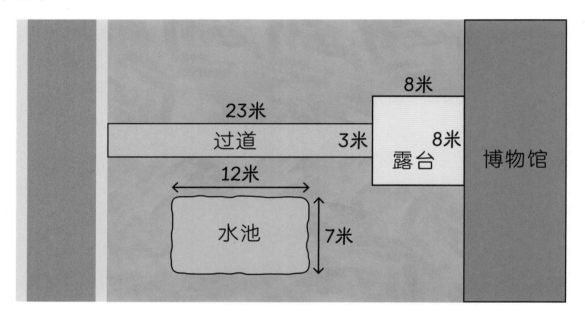

过道和露台的面积是多大？

水池的面积是多大？

举 例

我们可以用平方米表示面积。

我们可以用平方米表示面积。

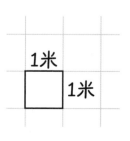

1米
1米

过道和露台都是长方形。我们可以数一数这两个长方形各占了几个1平方米。

我们还可以通过乘法算出占了几个1平方米。

过道占了23×3。

23米

过道 3米

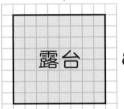

23 × 3 = 69（平方米）
过道的面积是69平方米。

8米

露台 8米

露台占了8×8。

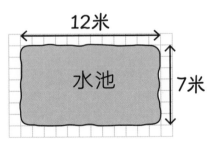

我们可以把面积相加来计算总面积。
64+96=133（平方米）。

8 × 8 = 64 （平方米）
露台的面积是64平方米。

水池面积有些难算，因为它并不是一个规则的形状。但是我们可以估算它的面积。

12米

水池 7米

我们可以把平方米写作m²。

水池面积大约是12×7。

12 × 7 = 84（平方米）
它的面积大约是84平方米。

过道的面积是69平方米。露台的面积是64平方米。

过道和露台的总面积是133平方米。

水池表面的面积大约是84平方米。

1 计算下列图形的面积。

(1)

8厘米

5厘米

☐ 平方厘米

(2)

14厘米

7厘米

11厘米

10厘米

4厘米

4厘米

☐ 平方厘米

(3)

10厘米　　10厘米

10厘米　　10厘米

☐ 平方厘米

(4)

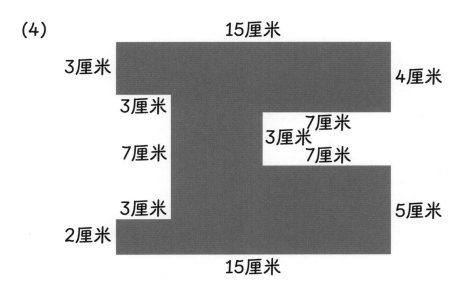

15厘米
3厘米
4厘米
3厘米
7厘米
3厘米
7厘米
7厘米
3厘米
5厘米
2厘米
15厘米

☐ 平方厘米

2 艾略特和他的妈妈想要把厨房和卫生间的地砖重铺一下。右侧是平面图。蓝色区域代表了要铺新地砖的区域。
他们需要买多大面积的地砖才能铺满蓝色区域？

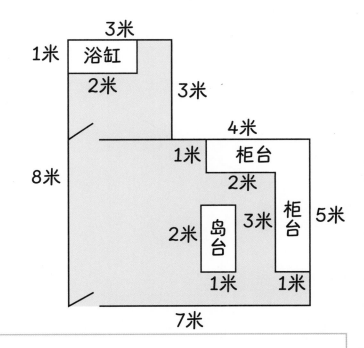

3米
1米 浴缸
2米
3米
4米
1米 柜台
2米
8米
2米 岛台 3米 柜台 5米
1米 1米
7米

艾略特和他妈妈需要买 ☐ 平方米的地砖才能铺满蓝色区域。

回顾与挑战

1 在方框内填写"优角"，"平角"，"钝角"，"直角"或"锐角"。

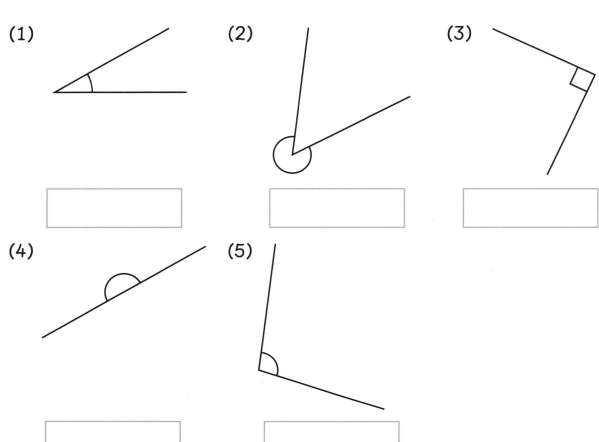

(1)

(2)

(3)

(4)

(5)

2 用量角器测量∠UTS的角度。

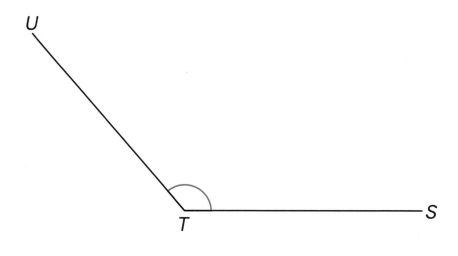

∠UTS是 ____ °。

❸ 按照右图要求，用量角器和直尺
画出平行四边形。

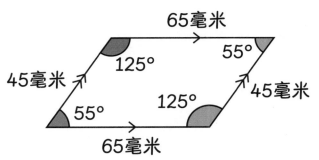

❹ 用直尺和量角器画一个长方形 *ABCD*，使得 *AB* 的长度为 62 毫米，*AD* 的长度是 43 毫米。

AB 平行于 [　　　] 。 *BC* 平行于 [　　　] 。

AB 垂直于 [　　　] 和 [　　　] 。

5 计算角度并填空。

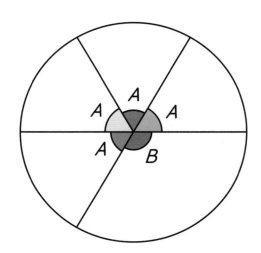

字母相同的角度相等。

∠A是 ☐ °

∠B是 ☐ °

6 在下方用直尺和量角器画一个等边三角形和正方形。

7 圈出规则多边形。

8 将下方图案平移 $\left(4\dfrac{1}{2}, 4\dfrac{1}{2}\right)$ ，然后再沿着虚线翻折，并在对应位置画出翻折后的图案。

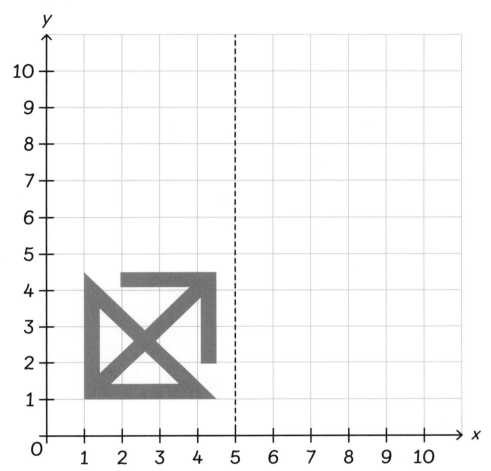

9 计算下列图案的面积和周长。

(1) 5厘米

4厘米

周长 = ☐

面积 = ☐

(2) 6厘米

1厘米 1厘米

3厘米 1厘米

1厘米 1厘米

周长 = ☐

面积 = ☐

参考答案

第 5 页　**1** (1) 角1是直角。 (2) 角A是优角 (3)角4是钝角。 (4) 角3是锐角 (5) 共有4个优角 (6) 共有2个直角。
　　　　　2 (1) 一个三角形内部最多有3个锐角，最多有1个直角，最多有1个钝角。 (2) 一个三角形内部最少有2个锐角。

第 8 页　**1** $\angle PQR = 90°$. $\angle PQR$是直角。 **2** $\angle ZYX = 10°$. $\angle ZYX$是锐角。

第 9 页　**3** $\angle CBA = 100°$. $\angle CBA$是钝角。 **4** $\angle HIJ = 180°$. $\angle HIJ$是平角。 **5** $\angle UTS = 132°$. $\angle UTS$是钝角。

第 13 页　**1** (1)

内角和是360°。

第 14 页　(2)

$\angle EFD$是30°。 内角和是180°.

第 15 页　**2** (1)

(2)

第 17 页　**1** $\angle C = 20°$ **2** $\angle D = 45°$ **3** $\angle E = 50°$

第 19 页　**1** $\angle C = 150°$ **2** $\angle D = 120°$ **3** $\angle E = 45°$, $\angle F = 55°$

第 21 页　**1**

2 (1)线段DA平行于线段CB。 (2) 线段DC垂直于线段CB。
(3) 线段DC平行于线段AB。 (4) $\angle ABC$是90°。 (5) 线段AB垂直于线段DA和线段CB。

第 24 页　**1**

2

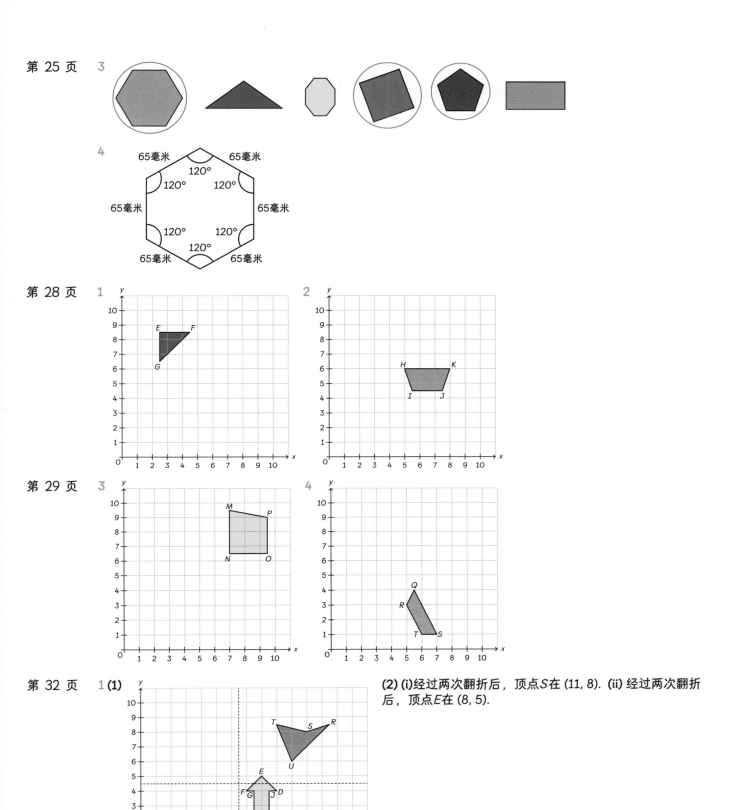

第 25 页　3

第 28 页

第 29 页

第 32 页　1(1)

(2) (i)经过两次翻折后，顶点S在 (11, 8). (ii) 经过两次翻折后，顶点E在 (8, 5).

第 33 页　2 (1)

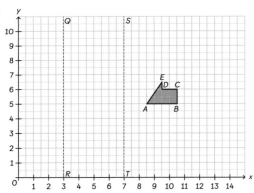

(2)点 A = (8$\frac{1}{2}$, 5); 点 B = (10$\frac{1}{2}$, 5); 点 C = (10$\frac{1}{2}$, 6);

点 D = (9$\frac{1}{2}$, 6); 点 E = (9$\frac{1}{2}$, 6$\frac{1}{2}$)

第 36 页　1 (1) 120毫米 (2) 160毫米 (3) 150毫米　2 (1) 40 + 59 + 84 = 183; 183毫米

第 37 页　(2) 27 + 63 + 26 + 74 + 35 = 225; 225毫米　(3) 42 + 65 + 42 + 65 = 214; 214毫米
　　　　　(4) 42 + 65 + 22 + 20 + 20 + 45 = 214 或 42 + 65 + 42 + 65 = 214; 214毫米
　　　　　(5) 42 + 65 + 42 + 20 + 20 + 65 = 254; 254毫米

第 40 页　1 (1) 40平方厘米 (2) 114平方厘米 (3) 100平方厘米

第 41 页　(4) 138平方厘米　2 艾略特和他的妈妈需要买33平方米的地砖来铺满蓝色区域。

第 42 页　1 (1)锐角 (2)优角 (3)直角 (4)平角 (5)钝角　2 ∠UTS 是 130°。

第 43 页　3

4

AB平行于DC。 BC平行于AD.
AB垂直于AD和BC.

第 44 页　5 ∠A是60°. ∠B是120°.
　　　　　6 答案不唯一，例如：

7

第 45 页　8

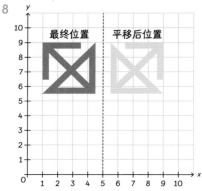

9 (1) 周长=18厘米; 面积=20平方厘米
　(2) 周长=20厘米; 面积=17平方厘米